YOUR KNOWLEDGE HAS VALUE

- We will publish your bachelor's and
  master's thesis, essays and papers

- Your own eBook and book -
  sold worldwide in all relevant shops

- Earn money with each sale

Upload your text at www.GRIN.com
and publish for free

Cellule b-cll di topi Eµ-TCL1/p66Shc-/- modulano l'espressione delle chemiochine in cellule stromali

Gianpiero Lupoli

Bibliographic information published by the German National Library:

The German National Library lists this publication in the National Bibliography; detailed bibliographic data are available on the Internet at http://dnb.dnb.de.

ISBN: 9783346948281
This book is also available as an ebook.

DIPARTIMENTO DI SCIENZE DELLA VITA

CORSO DI LAUREA IN SCIENZE BIOLOGICHE (Cl. L-13)

CELLULE B-CLL DI TOPI Eµ-TCL1/p66Shc$^{-/-}$ MODULANO L'ESPRESSIONE DELLE CHEMIOCHINE IN CELLULE STROMALI

Tesi di Laurea di:

Gianpiero Lupoli

Anno Accademico 2017/2018

INDICE

RIASSUNTO

La leucemia linfatica cronica (CLL) è la forma di leucemia più frequente nei paesi occidentali ed è considerata incurabile. In questa patologia si ha un accumulo di linfociti B $CD5^+$ nel sangue periferico e negli organi linfoidi dove le cellule tumorali trovano un microambiente che favorisce la loro sopravvivenza e proliferazione. Le cellule B leucemiche modificano a loro volta il comportamento delle cellule della nicchia stromale, aumentando la loro capacità di supportare la sopravvivenza delle cellule neoplastiche e sopprimendo la risposta immunitaria antitumorale. Fattori chiave implicati nell'*homing* e nella stasi a livello di queste nicchie sono le chemiochine prodotte dalle cellule stromali locali e i relativi recettori espressi ad alti livelli dalle cellule B tumorali. È nota una forte correlazione tra la ridotta espressione della proteina pro-apoptotica p66Shc e l'aggressività della malattia, in parte dovuta ad alterazioni nell'espressione dei recettori chemiochinici delle cellule tumorali. Infatti, topi EμTCL1/p66Shc$^{-/-}$ sviluppano una leucemia molto più aggressiva rispetto a topi EμTCL1, modello murino della malattia. Poco si sa invece riguardo l'effetto della ridotta espressione di p66Shc nelle cellule tumorali sul fenotipo delle cellule stromali ed in particolare sull'espressione delle chemiochine. In questo lavoro è stata valutata, attraverso la PCR *real-time* quantitativa, l'espressione delle chemiochine CXCL9, CXCL10, CXCL11, CCL2, CCL19 e CXCL13 in cellule stromali murine OP9 coltivate in terreni di coltura condizionati da cellule B tumorali purificate da topi EμTCL1, EμTCL1/p66Shc$^{-/-}$ e *wild-type,* e in cellule OP9 co-coltivate in presenza delle cellule B tumorali stesse. I risultati mostrano una significativa proporzionalità inversa tra l'espressione di p66Shc della cellula B neoplastica e l'espressione di queste chemiochine da parte delle cellule OP9, in particolare negli esperimenti di co-coltura. Tali chemiochine potrebbero rappresentare fattori di richiamo delle cellule B tumorali nella fase di promozione/progressione della CLL, e la ridotta espressione di p66Shc potrebbe favorire la progressione della malattia anche attraverso la modificazione del microambiente attuata dalla cellula tumorale.

ABSTRACT

Chronic lymphocytic leukemia (CLL) is the most frequent leukemia in the western countries and is still incurable. It is characterized by the accumulation of $CD5^+$ B lymphocytes in peripheral blood and lymphoid organs where they find a pro-survival microenvironment that promotes their proliferation. Neoplastic B cells are in turn able to modify the stromal niche by promoting its supportive activity toward neoplastic cell survival and immune suppression. Chemokines secreted by stromal cells, together with overexpression of their specific receptors on the surface of leukemic B cells, play key roles in both *homing* and stasis of leukemic cells within these niches. A strong correlation between reduced expression of the pro-apoptotic protein p66Shc in CLL B cells and worst CLL prognosis has been reported, which is at least in part due to altered chemokine receptor expression in CLL B cells. EμTCL1/p66Shc$^{-/-}$ mice develop indeed a more aggressive CLL-like leukemia compared to the classical CLL mouse model EμTCL1. The effect of the p66Shc defect in CLL cells on the stromal cell phenotype and, particularly, on chemokine expression profile remains however to be determined.

In this work we evaluated, by quantitative *real-time* PCR, the expression levels of the chemokines CXCL9, CXCL10, CXCL11, CCL2, CCL19 e CXCL13 in the murine stromal cells OP9 co-cultured in the presence of leukemic cells from either EμTCL1 or EμTCL1/p66Shc$^{-/-}$ mice or of B cells from *wild-type* mice. Moreover, we performed the experiments by culturing OP9 cells with medium conditioned by the same cells. Our results show a significant inverse correlation between the expression levels of p66Shc in CLL B cells and the chemokine expression by OP9 cells, especially in the co-culture experiments. These chemokines might therefore represent recruitment factors for leukemic B cells in the promotion/progression phase of CLL. Hence, the defective p66Shc expression in leukemic cells might promote CLL progression by altering the chemokine expression profile of microenvironmental cells.

1. INTRODUZIONE

1.1 La leucemia linfatica cronica

La leucemia linfatica cronica (CLL) è una forma di leucemia caratterizzata dall'accumulo di linfociti B $CD5^+$ maturi nel sangue periferico, nei linfonodi, nella milza e nel midollo osseo, spesso con infiltrazioni anche in fegato e polmoni. L'incidenza della CLL, approssimata a ~4/100'000 abitanti, è maggiore nei paesi occidentali, nei quali risulta la forma di leucemia più frequente (30% di tutti i casi di leucemia), rispetto ai paesi orientali. La CLL è diagnosticata mediamente in individui tra i 67 e i 72 anni, ed il rischio di ammalarsi, oltre ad essere il doppio nei maschi rispetto alle femmine, aumenta in modo proporzionale all'età. Esiste inoltre una predisposizione familiare. Infatti, il 9% dei pazienti ha un parente malato di CLL e il rischio di svilupparla aumenta di 8,5 volte in presenza di parenti di primo grado malati (Pekarsky *et al.*, 2007; Kipps *et al.*, 2017; Hallek, 2017).

Il linfocita si presenta morfologicamente maturo, piccolo e con un nucleo denso che riempie quasi tutta la cellula. Caratteristica peculiare della cellula CLL è la co-espressione di CD19, normalmente espresso dalle cellule B, e di CD5, tipico marcatore di linfociti T. Dato che l'espressione di CD5 è stata ritrovata nelle cellule B1, una sottopopolazione di cellule B che svolge la sua attività immunitaria T-indipendente a livello della cavità peritoneale e che ha varie caratteristiche in comune alle cellule B leucemiche, si pensa che la CLL si origini proprio da una loro espansione (Burger, 2010).

I linfociti B-CLL sono fermi in fase G_0 ed hanno una bassa attività proliferativa. Il loro aumento sembra dovuto, almeno nelle fasi meno aggressive della malattia, ad una ridotta capacità di andare incontro a morte cellulare programmata. Inoltre, la presenza in superficie di IgM che presentano una sola tipologia di catena leggera tra le κ e le λ indica una mono o oligoclonalità della popolazione espansa, cioè la derivazione di questi cloni da una stessa cellula o da poche cellule mature proliferanti. Infatti, durante la maturazione del linfocita B, si ha l'esclusione dell'espressione di uno dei due geni per le catene leggere dell'Ig (κ e λ) e quindi l'esposizione in superficie di immunoglobuline che presentano tutte quella tipologia di catena leggera (Kipps *et al.,* 2017).

La malattia si presenta in modo molto variabile, in quanto una parte dei pazienti CLL presenta una forma asintomatica della malattia, diagnosticabile solo per una linfocitosi superiore a 5'000 cellule/μl, che rimane tale per tutta la vita, mentre altri pazienti sviluppano una prima forma asintomatica che solo successivamente evolve nella forma aggressiva. Un ultimo gruppo di pazienti presenta invece, già alla diagnosi, una forma aggressiva della malattia con tutti i sintomi caratteristici della leucemia (linfoadenopatia, spleno- ed epatomegalia, eritrocitopenia e trombocitopenia) (Ramsey *et al.,* 2013; Kipps *et al.,* 2017). L'aggressività della malattia è associata a varie caratteristiche del linfocita leucemico, tra cui una ridotta ipermutazione somatica dei geni per la regione variabile della catena pesante delle immunoglobuline (geni *IGHV*) e la maggiore espressione di ZAP70, CD38 e CD49d (Kay *et al.,* 2007). Data l'importanza dello stato mutazionale dei geni *IGHV* nella classificazione della malattia, la forma aggressiva e quella indolente sono state denominate rispettivamente CLL non mutata (UM-CLL) e CLL mutata (M-CLL). La forma aggressiva è anche associata alla delezione in 17p (gene *TP53*) o in 11q (gene *ATM*) mentre la forma indolente presenta, in più del 50% dei casi, una delezione in 13q che porta all'aumento di espressione della proteina anti-apoptotica Bcl-2. La trisomia 12 sembra invece associata ad una forma intermedia della malattia (Pekarsky *et al.,* 2007; Bresin *et al.,* 2016).

1.2 Il microambiente stromale

Nonostante i linfociti B-CLL siano tipicamente fermi in fase G_0 e mostrino una bassa attività proliferativa, all'interno dei tessuti linfoidi queste cellule proliferano con un ritmo dello 0,1-1% al giorno poiché il microambiente fornisce loro dei segnali che ne inibiscono la morte cellulare e ne favoriscono la proliferazione. Nei linfonodi sono infatti visibili i centri proliferativi (diversi dai centri germinativi), aree verso cui i linfociti B leucemici sono attratti, seguendo il gradiente di chemiochine prodotte dalle cellule stromali, e all'interno dei quali essi proliferano attivamente. Le cellule delle nicchie stromali linfonodali comprendono le cellule *nurse-like* (NLC), i linfociti T, le cellule presentanti l'antigene (APC), i macrofagi associati al tumore (TAM) e le cellule dendritiche follicolari (FDC), mentre le cellule staminali mesenchimali (MSC) sono tipiche del midollo osseo (Ramsey *et al.,* 2013; Trimarco *et al.,* 2015).

La chemiotassi che guida le cellule leucemiche verso le nicchie stromali coinvolge gli assi CCR7 (i cui ligandi sono CCL19 e CCL21) e CXCR5 (il cui ligando è CXCL13) per quanto riguarda l'*homing* verso gli organi linfoidi secondari, e il legame di CXCR4 con CXCL12 nel caso dell'*homing* verso il midollo osseo. L'infiltrazione in fegato e polmoni è invece guidata dai recettori per chemiochine CXCR3 e CCR2. CXCR3 interagisce con le chemiochine CXCL9, CXCL10 e CXCL11, mentre CCR2 interagisce con CCL2 (Burger, 2010; Cuesta-Mateos *et al.,* 2010; Patrussi *et al.,* 2019).

Un ruolo rilevante nella promozione del tumore è svolto dalle cellule MSC del midollo osseo, cellule staminali multipotenti (Gao *et al.,* 2010) che promuovono la proliferazione e l'*homing* dei linfociti B-CLL e favoriscono la loro resistenza ai farmaci chemioterapici, comunicando con le cellule leucemiche sia attraverso fattori solubili che tramite il contatto cellula-cellula. In particolare, le MSC secernono CXCL12, fattore solubile in grado sia di attrarre i linfociti B leucemici nel midollo osseo che di favorirne la sopravvivenza (Burger, 2010). È importante sottolineare che la comunicazione tra le cellule B-CLL e le MSC è bidirezionale, in quanto le cellule B sono in grado di favorire la proliferazione ed il rilascio di mediatori da parte delle MSC, e quindi anche il richiamo di altri linfociti e la progressione della malattia (Trimarco *et al.,* 2015). È stato anche dimostrato che l'attività pro-tumorale delle MSC è favorita dall'aumento della quantità nel plasma di microvescicole circolanti, dette esosomi, prodotte soprattutto dalle cellule B-CLL durante la fase di progressione del tumore ed in grado di incrementare la sintesi di fattori di crescita una volta integrate dalle cellule stromali (Ghosh *et al.,* 2010; Farahani *et al.,* 2015).

1.3 La proteina p66Shc

La proteina p66Shc è una delle tre isoforme codificate dal gene *ShcA* (*Src homologous and collagen A*), caratterizzate dalla struttura comune a tre domini PTB (*phosphotyrosine-binding domain*) - CH1 (*collagen homology 1*) - SH2 (*Src homology domain 2*). Il dominio CH1, una volta fosforilato in tre residui tirosinici, è in grado di legare proteine contenenti domini SH2, mentre i domini PTB e SH2 hanno la capacità di legare i residui tirosinici fosforilati in contesti amminoacidici diversi (Luzi *et al.*, 2000). L'isoforma p66Shc presenta inoltre un dominio CH2, contenente un residuo serinico fosforilabile, all'estremità N-terminale e una regione che lega il citocromo-c tra i domini CH2 e PTB (Finetti *et al.*, 2008).

A differenza delle due isoforme più corte p46Shc e p52Shc, ubiquitariamente espresse e implicate nella trasduzione di segnali di sopravvivenza e proliferazione (Finetti *et al.*, 2009), p66Shc è espressa in maniera tessuto-specifica e ha una attività antimitogenica e pro-apoptotica. Essa inibisce infatti la cascata di segnalazione Ras/MAPKs (*mitogen-activated protein kinases*), competendo con p52Shc per il legame con i recettori per i fattori di crescita, ed è coinvolta nel meccanismo apoptotico mediato dal mitocondrio. p66Shc è infatti in grado di ossidare il citocromo-c, bloccando così la catena respiratoria e provocando, pertanto, l'aumento delle specie reattive dell'ossigeno (ROS), l'insorgenza di disfunzioni mitocondriali e l'apoptosi (Finetti *et al.*, 2008; Finetti *et al.*, 2009).

P66Shc è coinvolta nella promozione/progressione della CLL. La sua espressione è infatti notevolmente ridotta in linfociti B derivanti da pazienti CLL, specialmente quelli che presentano la malattia più aggressiva (UM-CLL) (Capitani *et al.*, 2010). La diminuzione di p66Shc si correla con una maggiore sopravvivenza, l'aumento dell'*homing* e una maggiore proliferazione delle cellule leucemiche in organi linfoidi e non linfoidi, in particolare fegato e polmoni. L'aumento dell'infiltrazione tissutale dovuta alla carenza di p66Shc è in parte causata da una maggiore espressione superficiale dei recettori per le chemiochine CXCR4, CXCR5, CCR2, CCR7 e CXCR3 (Patrussi *et al.*, 2018; Patrussi *et al.*, 2019).

1.4 Topo EμTCL1, modello di CLL

Il modello murino della CLL più utilizzato è il topo EμTCL1, il quale sviluppa una leucemia con le caratteristiche peculiari della forma aggressiva della CLL. In questo modello è stata indotta l'espressione dell'oncogene *TCL1* (*T cell leukemia/limphoma-1*), normalmente espresso solo in cellule cutanee, linfoidi e mieloidi, e coinvolto in varie alterazioni cromosomiche causative di leucemie e linfomi (Virgilio *et al.*, 1994; Bresin *et al.*, 2016). Inoltre, nel 90% dei pazienti CLL si ha un'espressione di *TCL1* proporzionale all'aggressività della malattia (Hamblin, 2010). Per indurre la malattia, il transgene è stato posto sotto il controllo del promotore V_H della regione variabile della catena pesante delle immunoglobuline e all'*enhancer* Ig_H-μ, che ne determinano l'espressione solo nei linfociti B (Bichi *et al.*, 2002).

I topi EμTCL1 sviluppano una malattia caratterizzata da una lunga fase pre-leucemica, in cui si ha un'evidente espansione di cellule B $IgM^+/CD5^+$ prima nella cavità peritoneale e poi negli organi linfoidi, seguita da una leucemia palesata presentante tutti i segni tipici della CLL (linfoadenopatia, epato- e splenomegalia, linfocitosi molto marcata) (Bichi *et al.*, 2002; Pekarsky *et al.*, 2007).

1.5 Topo EμTCL1/p66Shc$^{-/-}$

Incrociando il topo EμTCL1 con il topo C57/p66Shc$^{-/-}$ è stato ottenuto il topo EμTCL1/p66Shc$^{-/-}$, utile nella valutazione degli effetti che l'assenza di p66Shc comporta nella CLL. Il topo EμTCL1/p66Shc$^{-/-}$ presenta una insorgenza anticipata, una più rapida progressione della CLL ed una minore aspettativa di vita rispetto al topo EμTCL1. In perfetto accordo con la maggiore aggressività della malattia, in questo nuovo ceppo murino si osserva un aumento della proliferazione delle cellule leucemiche nei tessuti linfoidi ed una maggiore infiltrazione in linfonodi, midollo osseo, fegato e polmoni. Questo si correla ad una aumentata espressione superficiale dei recettori di *homing* CCR7, CCR2 e CXCR3 e ad una diminuita espressione del recettore di *egress* S1PR1, nelle cellule leucemiche che non esprimono p66Shc (Patrussi *et al.*, 2019). L'importanza della proteina p66Shc nella progressione della malattia è evidenziata anche dal fatto che nelle cellule B leucemiche del topo EµTCL1 la quantità di questa proteina diminuisce in modo proporzionale allo stadio della malattia (Patrussi *et al.*, 2019).

2. SCOPO DELLA TESI

Le cellule del microambiente linfoide secernono fattori che influenzano la progressione della CLL sia nel topo EµTCL1 (Bichi *et al.*, 2002), che nell'uomo (Bresin *et al.*, 2016). In particolare, è nota l'abilità di queste cellule di modificare il *pattern* di espressione delle chemiochine della nicchia stromale, favorendo così la stabilizzazione delle condizioni pro-tumorali ed il richiamo di altre cellule leucemiche (Trimarco *et al.*, 2015; Bresin *et al.*, 2016).

I topi EµTCL1/p66Shc$^{-/-}$, modello murino che sviluppa una forma di leucemia più aggressiva rispetto ai topi EµTCL1, presentano un aumento dell'infiltrazione e della permanenza delle cellule neoplastiche in linfonodi, fegato, polmoni, midollo osseo e cavità peritoneale, con conseguente spleno-epatomegalia, difficoltà respiratorie e diminuita aspettativa di vita (Patrussi *et al.*, 2019). Ciò suggerisce che la mancata espressione di p66Shc nelle cellule leucemiche possa modificare le interazioni delle cellule leucemiche con lo stroma degli organi, favorendo di fatto la progressione della leucemia.

In questo lavoro abbiamo quindi valutato se l'assenza di espressione della proteina p66Shc possa condizionare la capacità delle cellule B tumorali di modificare l'espressione delle chemiochine di *homing* CXCL9, CXCL10, CXCL11, CXCL13, CCL19, e CCL2 in cellule stromali. Per questo motivo la linea cellulare murina OP9, modello di cellule MSC (Gao *et al.*, 2010), è stata co-coltivata con le cellule B leucemiche isolate da topi EµTCL1 o EµTCL1/p66Shc$^{-/-}$, oppure con il sovranatante di coltura delle cellule leucemiche stesse. I livelli di espressione delle chemiochine nelle cellule OP9 sono stati valutati tramite PCR *real-time* quantitativa.

3. MATERIALI E METODI

3.1 Modelli murini e linee cellulari

In questo lavoro sono stati utilizzati 10 topi EμTCL1 e 10 EμTCL1/p66Shc$^{-/-}$ con *background* genetico C57BL/6J. Inoltre, 3 topi C57BL/6J sono stati utilizzati come modello sano di riferimento. Tutti i ceppi murini utilizzati sono allevati nello stabulario dell'Università di Siena. La sperimentazione sui modelli animali riportati sopra è stata approvata dal Comitato Etico dell'Università di Siena e dal Ministero della Salute, seguendo i *"Guiding Principles for Research Involving Animals and Human Beings"*. La linea cellulare OP9, derivata da midollo osseo murino, viene mantenuta in coltura in *Dulbecco's Modified Eagle Medium* (DMEM) con l'aggiunta di 20 U/ml penicillina e di 7,5% BCS (*bovine calf serum*) (terreno di coltura completo), in incubatore ad una temperatura di 37°C e con il 5% di CO_2.

3.2 Preparazione di sovranatante da cellule murine

Milze prelevate da topi C57BL/6J, EμTCL1 e EμTCL1/p66Shc$^{-/-}$ sono state disgregate tramite filtri *Cell Strainer* con pori di 0,2 μm. I linfociti B tumorali sono stati purificati dalle milze di topi EμTCL1 ed EμTCL1/p66Shc$^{-/-}$ utilizzando il kit *B-1a Cell Isolation Kit* (*Miltenyi Biotech*) secondo il protocollo allegato. I linfociti B *wild-type* sono stati purificati da topi C57BL/6J utilizzando il kit *Dynabeads™ Mouse CD43* (*Untouched™ B Cells*). Le cellule estratte sono state poi risospese in 10 ml di terreno di coltura completo e contate tramite la camera di conta di Neubauer. 20×10^6 cellule da ogni campione sono state centrifugate per 5 minuti a $600 \times$ g, risospese in 10 ml di terreno di coltura completo e mantenute in fiasche per colture cellulari in incubatore a 37°C per 48 h. I campioni sono stati infine prelevati e centrifugati per 5 minuti a $600 \times$ g. Il sovranatante, privato di tutte le cellule rimaste nel *pellet* dopo la centrifugazione, è stato conservato a -80°C.

3.3 Trattamento delle cellule OP9

5×10^5 cellule OP9 sono state piastrate in piastre da 6 pozzetti e lasciate aderire ai pozzetti per almeno 5 ore in 2 ml di terreno di coltura completo. Il terreno è stato poi rimosso e sostituito con 2 ml di sovranatante di coltura delle cellule leucemiche EμTCL1 o EμTCL1/p66Shc$^{-/-}$ precedentemente preparato e mantenuto a -80°C. Alternativamente, 20×10^6 cellule leucemiche da topi EμTCL1 o EμTCL1/p66Shc$^{-/-}$, oppure 20×10^6 di linfociti B da topi C57BL/6J, sono state risospese in 3 ml di terreno di coltura completo e piastrate nei pozzetti contenenti le cellule OP9.

I campioni sono stati mantenuti in incubatore per 48 ore a 37°C. Alla fine del trattamento i sovranatanti sono stati rimossi dai pozzetti e si è proceduto al lavaggio dei pozzetti con PBS (*phosphate buffered saline*) per 3 volte, avendo cura di eliminare le cellule B murine eventualmente presenti senza intaccare il tappeto di cellule OP9 aderite sul fondo. Infine le cellule OP9 sono state rimosse dai pozzetti tramite l'azione meccanica di uno *scraper*, risospese in 1 ml di PBS e trasferite in tubi da 1,5 ml per procedere alla lisi cellulare e all'estrazione dell'RNA.

3.4 Estrazione dell'RNA, quantificazione e retrotrascrizione

L'RNA è stato estratto, utilizzando *RNeasy® Plus Mini Kit* di *Qiagen* e seguendo la procedura d'utilizzo allegata al kit stesso, e poi quantificato con lo spettrofotometro *QIAxpert* (*Qiagen*). Per la retrotrascrizione abbiamo utilizzato 500 ng di RNA in un volume finale di 20 μl della soluzione acquosa contenente la *5x iScript*™ *Reaction Mix* e la trascrittasi inversa *iScript*™ *Reverse Transcriptase*, presenti nel *iScript*™ *cDNA Synthesis Kit* (*BioRad*). Anche per questa tecnica è stato seguito il protocollo allegato al kit utilizzato. Il termociclatore *Applied Biosystem 2720 Thermal Cycler* è stato così settato:

- Priming a 25°C per 5 minuti

- Retrotrascrizione a 46°C per 20 minuti

- Blocco dell'attività della trascrittasi inversa a 95°C per 1 minuto

3.5 PCR *real-time* quantitativa

La PCR *real-time* (qRT-PCR) è una tecnica che permette di determinare la quantità nel mio campione di un determinato trascritto. Questa tecnica è una variante della PCR classica, una tecnica qualitativa che, attraverso la specifica polimerizzazione del DNA mediata dall'appaiamento di *primers* specifici agli estremi della sequenza d'interesse, permette di amplificare in modo esponenziale un dato segmento di DNA all'interno di una lunga sequenza o di un insieme di sequenze diverse di DNA. La capacità di ottenere ampliconi, ossia frammenti di DNA uguali fra loro in sequenza nucleotidica e derivanti dalla polimerizzazione a partire dallo stesso segmento di DNA stampo, ha reso la PCR classica una tecnica ampiamente utilizzata nella ricerca scientifica e nella medicina, in quanto permette, grazie alla sua elevata sensibilità ed efficienza, di oltrepassare i limiti imposti dalle tecniche di clonaggio in sistemi cellulari, almeno per quanto riguarda l'amplificazione del DNA. La PCR si attua facendo avvenire ripetutamente una sequenza di tre eventi distinti, i quali sono guidati da variazioni cicliche di temperatura. Infatti, l'attività delle componenti implicate in ogni fase della tecnica dipende strettamente dalla temperatura, così come la loro sensibilità e precisione.

Le componenti utilizzate nella PCR classica sono:

- DNA stampo a doppio filamento da amplificare

- DNA polimerasi attiva ad alte temperature, come la Taq polimerasi (isolata dal batterio *Thermus acquaticus*) o la Pfu polimerasi (isolata dall'archeobatterio *Pyrococcus furiosus*)

- Deossiribonucleosidi trifosfato (dNTPs)

- *Primers*, ossia due oligonucleotidi (*forward* e *reverse*) complementari agli estremi della sequenza da amplificare che permettono l'inizio della polimerizzazione.

- Mg^{2+}, cofattore della DNA polimerasi (in soluzione sotto forma di $MgCl_2$)

Le fasi di cui è composta la PCR sono tre: fase di denaturazione, fase di *annealing* e fase di allungamento. Lo strumento in grado di far cambiare la temperatura in modo ciclico è il termociclatore, il quale varierà automaticamente ed in modo consecutivo le tre temperature necessarie per far avvenire ognuno dei tre eventi.

La fase di denaturazione prevede la denaturazione del filamento stampo, la quale si attua attraverso il passaggio alla temperatura di 91-97°C. La fase successiva è la fase di *annealing*, cioè l'appaiamento dei *primers forward* e *reverse* alle estremità interne della sequenza d'interesse, ognuno a livello di una delle due eliche denaturate. La temperatura di *annealing*, generalmente compresa tra 58 e 62°C, dipende dalla lunghezza e dalla composizione nucleotidica dei *primers* e si calcola sottraendo 5°C alla loro temperatura di *melting*, la quale è ricavata dalla formula $T_m = 2°C \times (A+T) + 4°C \times (G+C)$.

La fase di allungamento è caratterizzata dall'attivazione della DNA polimerasi termostabile che permetterà la polimerizzazione del frammento. La Taq polimerasi, la più utilizzata, resta stabile fino a 95°C (permettendo così l'attuazione della fase di *denaturazione* senza subire gravi modificazioni) ma presenta il suo optimum di attività intorno a 68-72°C, intervallo di temperatura in cui viene fatta avvenire la fase di polimerizzazione.

Per avere una corretta amplificazione del DNA ci sono diversi fattori critici da tenere in considerazione. La Taq polimerasi presenta una emivita (tempo necessario a ridurre del 50% la quantità di enzima attivo) di 30 minuti a 95°C, e di conseguenza bisogna impostare il giusto numero di cicli e il giusto tempo di denaturazione per evitare la perdita di efficienza dell'enzima. Inoltre il Mg^{2+}, nonostante sia indispensabile per il funzionamento della polimerasi, va a legarsi ai *primers*, ai dNTPs e allo stampo, causando la perdita di fedeltà nella sintesi del DNA. Infine i *primers* vanno ideati in modo tale che si appaino unicamente agli estremi della sequenza da amplificare e quindi che siano lunghi almeno 16 nucleotidi, che presentino all'incirca la stessa temperatura di *melting* e che non presentino sequenze palindromiche e invertite in grado di causare la formazione di forcine. Dato che ad ogni ciclo viene raddoppiata la quantità di frammenti presenti in soluzione, il numero di ampliconi finali (P) sarà teoricamente $P = 2^n \times T$, dove T rappresenta la quantità del templato di partenza.

Questa tecnica viene utilizzata solo per analisi qualitative in quanto, nonostante la resa teorica segua una legge esponenziale, la quantità reale degli ampliconi che si sintetizzano nel tempo arriva ad un *plateau* dopo alcuni cicli di PCR a causa dell'esaurimento di *primers* e dNTPs e del calo di funzionalità della polimerasi. Risulta così difficile risalire alla quantità del templato di partenza quantificando il prodotto finale. Per questo motivo è stata ideata la PCR *real-time*, la quale ci permette di fare analisi quantitative monitorando in tempo reale l'aumento degli ampliconi. Per rilevare questo aumento, vengono utilizzate delle sostanze fluorescenti che vanno a legarsi al DNA e, dopo essere state eccitate con luce ad una certa lunghezza d'onda (in base allo spettro di assorbimento dei fluorofori utilizzati), emettono luce nel proprio spettro di emissione. Questa fluorescenza viene così rilevata dallo strumento ed è proporzionale all'amplificazione in corso. La curva ottenuta, che rappresenta la quantità dei prodotti di amplificazione nel tempo, presenterà una fase esponenziale, prima di arrivare al *plateau*, che segue quindi la regola $P = 2^n \times T$. Si può quindi impostare un *threshold* relativo alla intensità di fluorescenza rilevata (e quindi al prodotto di amplificazione) in questa area del grafico che ci permetterà di interpretare il risultato ottenuto. La quantità del templato di partenza sarà, infatti, maggiore quanto prima l'amplificazione dello stesso raggiungerà il *threshold* impostato, e il tempo impiegato per raggiungerlo, inteso come cicli di PCR (*Cycle threshold*), sarà proprio l'indicatore di questa quantità. In realtà, nonostante già dal terzo ciclo si abbia l'incremento del numero di ampliconi, nei primi cicli di amplificazione non si ha rilevamento della fluorescenza ma solo rumore di fondo che, nel grafico, sarà rappresentato dalla *baseline region*, una porzione in cui la fluorescenza risulta costante (*Figura 1*). Esistono vari tipi di sonda utilizzabili per questa tecnica, come la sonda *SYBR green*, la quale lega in modo aspecifico il solco minore del DNA a doppia elica, quindi sia gli ampliconi specifici che quelli aspecifici e i dimeri di *primers*. Ci sono anche sonde più specifiche come le *TaqMan* e le *molecular beacons*, degli oligonucleotidi specifici per la sequenza d'interesse coniugati a molecole fluorescenti. In questo lavoro è stata utilizzata la sonda *Eva green*, simile alla *SYBR green*, ma che influenza meno la riuscita della PCR, permettendo così il suo utilizzo in grandi quantità e, di conseguenza, un migliore rilevamento della fluorescenza. I risultati ottenuti dal grafico della PCR della sequenza d'interesse devono essere normalizzati rispetto ai risultati ottenuti in una PCR parallela, preparata nelle stesse condizioni sperimentali, di cDNA derivante da un trascritto *housekeeping*, la cui espressione cioè non varia al variare del tipo cellulare, delle fasi di sviluppo o dei trattamenti farmacologici. Tra i geni *housekeeping* più comunemente utilizzati ci sono l'HPRT (Ipoxantina-guanina fosforibosiltrasferasi), la β-actina e la GAPDH (Gliceraldeide 3-fosfato deidrogenasi). Viene inoltre verificata la specificità dell'amplificazione del DNA d'interesse attraverso la *melting curve*, una curva risultante dal rilevamento della Tm del campione in amplificazione. La presenza di *melting curves* diverse tra loro è il risultato della presenza in soluzione di amplificati di diversa lunghezza, in quanto ogni duplex di DNA prodotto presenta una propria Tm.

In questo lavoro è stata utilizzata la qRT-PCR per analizzare la quantità di trascritto delle chemiochine CXCL9, CXCL10, CXCL11, CXCL13, CCL2, CCL19, con duplicato tecnico e con normalizzazione del risultato rispetto alla GAPDH. La procedura indicata dal fornitore prevede:

- la preparazione, in tubi da 1,5 ml per ogni gene da analizzare, della soluzione composta da H_2O sterile ed *EvaGreen*® *SuperMix*, contenente la sonda *Eva* green, dNTPs, la Taq polimerasi e lo ione Mg^{2+} (una soluzione per ogni trascritto da analizzare).

- L'aggiunta dei *primers forward* e *reverse* in concentrazione 10 μM, specifici per i geni d'interesse (*Tabella 1*), all'interno della relativa soluzione.

- Si agita e si trasferiscono 41,8 μl della soluzione in tubi da 0,2 ml.

- Negli stessi tubi si aggiungono poi 2,2 μl del cDNA da analizzare.

- Per ognuna di esse vengono prelevate due aliquote di 20 μl e trasferite in due pozzetti adiacenti della piastra per PCR.

- La piastra viene poi coperta e sigillata perfettamente con una pellicola adesiva ed inserita nel macchinario per la qRT-PCR.

Lo strumento che è stato utilizzato, il *CFX96 Real-Time system* (*BioRad*), è stato settato per una *PCR 2 step - SYBR green*:

- Fase di denaturazione iniziale a 95°C per 3 minuti;
- 42 cicli formati da:

    · fase di denaturazione a 95°C per 10 secondi

    · unica fase che comprende *annealing* e allungamento a 60°C per 30 secondi

- *Melting curve* che parte da 65°C con un aumento di 0,5°C ogni 5 secondi fino ad arrivare a 95°C

Per la tecnica sono state utilizzate piastre *Well Multiply PCR Plates* (*Sarsedt*) da 96 pozzetti e per la lettura dei risultati è stato usato il software *BioRad CFX Manager Version 1.5* (*BioRad*), il quale esprime il risultato come $\Delta\Delta Ct$:

$$\Delta\Delta Ct = (CtTG - CtHG) - (CtTG_c - CtHG_c)$$

$CtTG$ = gene target $\qquad\qquad$ $CtTG_c$ = gene target controllo

$CtHG$ = gene *housekeeping* $\qquad$ $CtHG_c$ = gene *housekeeping* controllo

3.6 Analisi statistica dei dati sperimentali

Per tutti i risultati ottenuti abbiamo calcolato sia la media aritmetica che la deviazione standard ed effettuato il test di *Mann-Whitney Rank Sum*, utilizzando il software *Prism 7.0* (*GraphPad*). La significatività statistica dei risultati è stata considerata accettabile per valori di $p \leq 0,05$.

4. RISULTATI E DISCUSSIONE

In questo lavoro abbiamo utilizzato cellule B tumorali purificate da milze di topi EμTCL1 (TCL1), modello di CLL (Pekarsky *et al.*, 2007), e di topi EμTCL1/p66Shc$^{-/-}$ (TCL1/p66$^{-/-}$), i quali presentano una progressione molto più rapida della malattia rispetto ai topi EμTCL1 (Patrussi *et al.*, 2019). Abbiamo isolato le cellule tumorali CD5$^+$ da milze di topi EμTCL1 e EμTCL1/p66Shc$^{-/-}$ malati utilizzando il kit *B-1a Cell Isolation Kit* (*Miltenyi Biotech*). Il confronto con le condizioni normali è stato possibile grazie all'utilizzo di linfociti B purificati da milze di topi C57BL/6J *wild-type* (WT) utilizzando il kit *Dynabeads™ Mouse CD43* (*Untouched™ B Cells*).

Linfociti B normali o tumorali sono stati utilizzati per valutare gli effetti dei loro prodotti solubili e/o delle interazioni cellula-cellula sull'espressione delle chemiochine CXCL9, CXCL10, CXCL11, CXCL13, CCL2 e CCL19, in cellule MSC. Abbiamo quindi coltivato 20 milioni di cellule B prelevate da milze di topi C57BL/6J, EμTCL1 e EμTCL1/p66Shc$^{-/-}$ per 48 h a 37°C in 10 ml di terreno di coltura completo. Al termine delle 48 h, i campioni sono stati centrifugati e il sovranatante, condizionato dalle cellule B WT o leucemiche, recuperato. Abbiamo quindi coltivato cellule OP9, derivanti da midollo osseo murino ed utilizzate come modello di cellule MSC (Gao *et al.*, 2010), in piastre da 6 pozzetti in presenza di terreno di coltura completo (n=3), o in presenza di terreni di coltura condizionati dalle cellule B WT (n=3), EμTCL1 (n=10) o EμTCL1/p66Shc$^{-/-}$ (n=10). Inoltre, parallelamente, abbiamo coltivato le cellule OP9 in presenza di 20 milioni di cellule B derivanti da topi WT o da topi leucemici. Dopo 48 h le cellule OP9, così trattate, sono state lavate e prelevate, e l'mRNA è stato quindi estratto, retrotrascritto a cDNA ed analizzato quantitativamente attraverso una PCR *real-time*.

Dal confronto tra cellule OP9 incubate con il solo terreno di coltura completo (OP9) e cellule OP9 co-coltivate con linfociti B WT (*cells*) o incubate con il loro sovranatante (*SN*) (OP9 + WT), si nota che i campioni "OP9 + WT" presentano una maggiore espressione di quasi tutte le chemiochine in analisi, sebbene le differenze con i campioni "OP9" non siano statisticamente significative (*Figura 2*). Inoltre, i risultati mostrano un aumento dei trascritti di tutte le chemiochine in analisi in cellule OP9 co-coltivate con linfociti B leucemici o con il loro sovranatante rispetto ai campioni "OP9 + WT". Questo aumento è particolarmente evidente in cellule OP9 incubate con cellule EμTCL1/p66Shc$^{-/-}$ o con il loro sovranatante (OP9 + TCL1/p66$^{-/-}$). Sono poi visibili differenze di espressione delle chemiochine tra le co-colture ed i trattamenti con solo sovranatante. Infatti, le cellule OP9 coltivate in presenza di linfociti B leucemici dei due ceppi presentano una maggior quantità del trascritto di quasi tutte le chemiochine, e in particolare di CCL2, rispetto alle colture con solo terreno condizionato. CXCL11 e CXCL13 fanno eccezione, in quanto il loro aumento sembra non presentare differenze tra le due tipologie di coltura utilizzate.

5. CONCLUSIONI

Dalla letteratura è noto che le cellule dello stroma linfoide sono stimolate dalle cellule B-CLL a secernere fattori che stimolano la sopravvivenza delle cellule leucemiche stesse (Trimarco *et al.*, 2015). Questo è confermato dai nostri dati, che dimostrano che cellule OP9 trattate con cellule leucemiche o con il loro sovranatante producono maggiori quantità di trascritto per le chemiochine CXCL9, CXCL10, CXCL11, CXCL13, CCL19 e CCL2 rispetto a cellule OP9 trattate con cellule B normali o con il loro sovranatante. Tuttavia, a causa del ridotto numero di campioni "OP9 + WT", questa differenza risulta non significativa e necessita perciò di dati maggiormente affidabili per essere confermata.

I nostri dati mettono però in evidenza un dato nuovo: le cellule B leucemiche da topi EµTCL1/p66Shc$^{-/-}$ hanno un'aumentata capacità di promuovere l'espressione chemiochinica nelle cellule OP9 rispetto a cellule B leucemiche da topi EµTCL1, sia attraverso segnali solubili che attraverso le interazioni cellula-cellula. Questo significa che la mancata espressione di p66Shc nelle cellule leucemiche ne determina un cambiamento che si ripercuote sulla loro capacità di modulare il microambiente a loro stesso vantaggio. Quale, o quali siano i fattori molecolari responsabili della aumentata capacità modulatoria delle cellule leucemiche EµTCL1/p66Shc$^{-/-}$ non è ancora noto e ulteriori studi saranno volti a determinare cambiamenti di espressione superficiale di molecole co-stimolatorie o del *pattern* di citochine di secrezione delle cellule leucemiche EµTCL1/p66Shc$^{-/-}$ rispetto alle cellule leucemiche EµTCL1. È infatti da notare che, sebbene il contatto diretto con le cellule leucemiche risulti più efficace nell'indurre l'espressione chemiochinica nelle cellule OP9, in linea generale il solo sovranatante di cellule leucemiche ha una potente attività modulatoria e, per le chemiochine CXCL11 e CXCL13, ha addirittura effetti paragonabili rispetto alla co-coltura.

Questi risultati mostrano quindi come la diminuzione dell'espressione della proteina p66Shc sia coinvolta nella modulazione delle interazioni bidirezionali tra la cellula tumorale ed il microambiente, e come queste interazioni siano determinanti nel cambiamento del *pattern* di espressione della chemiochine nella nicchia stromale.

6. FIGURE E TABELLE

Geni	Primer Forward 5'-3'	Primer Reverse 5'-3'
GAPDH	AACGACCCCTTCATTGAC	TCCACGACATACTCAGCAC
CXCL9	AAAATTTCATCACGCCCTTG	TCTCCAGCTTGGTGAGGTCT
CXCL10	GGATGGCTGTCCTAGCTCTG	ATAACCCCTTGGGAAGATGG
CXCL11	CGAGTAACAGCTGCGACAAA	GCATGTTCCAAGACAGCAGA
CXCL13	CATCATGAGGTGGTGCAAAG	GGGTCACAGTGCAAAGGAA
CCL19	CAAGAACAAAGGCAACAGC	CGGCTTTATTGGAAGCTCTG
CCL2	AGGTCCCTGTCATGCTTCTG	TCTGGACCCATTCCTTCTTG

Tabella 1. *Primers* utilizzati per la PCR *real-time* quantitativa.

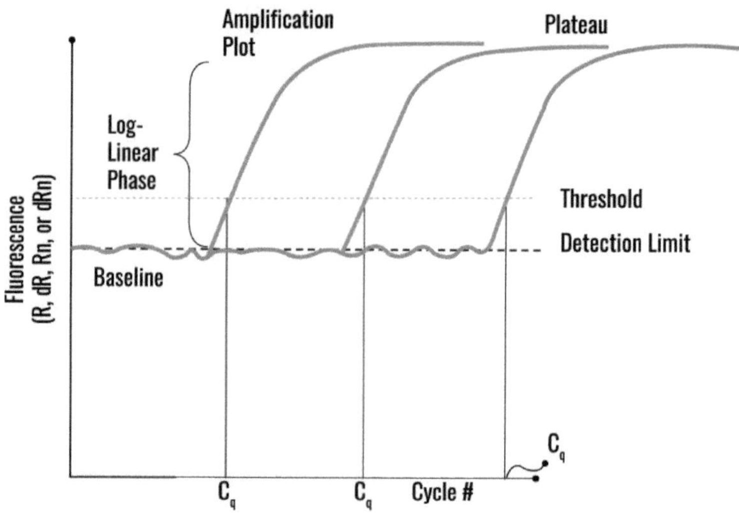

Figura 1. Curva di amplificazione della qRT-PCR.

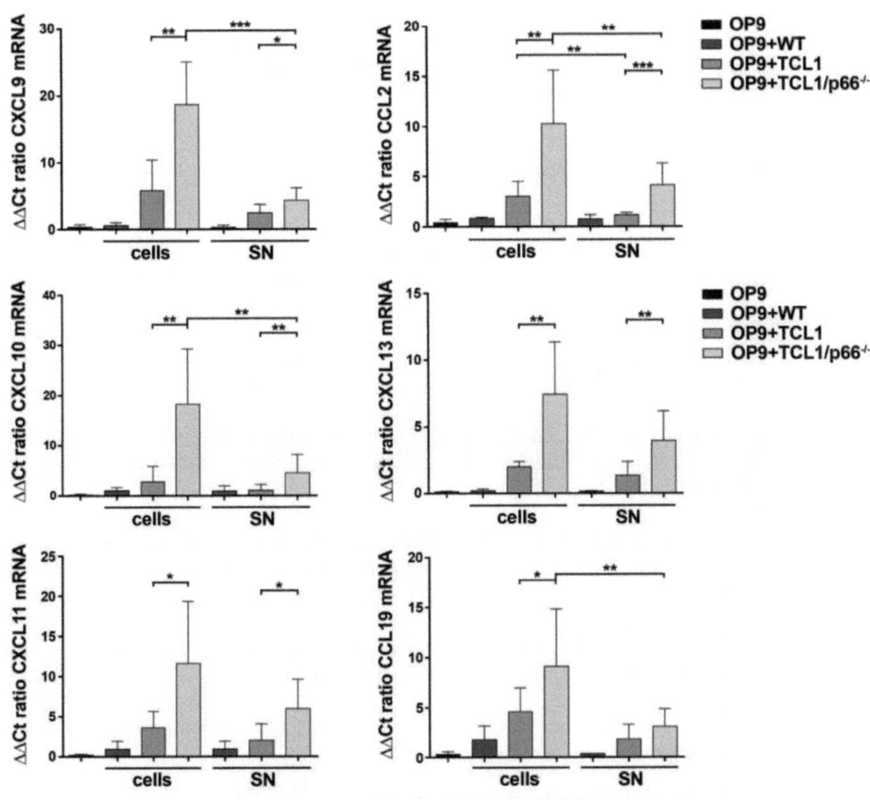

Figura 2. Potenziata attività modulatoria delle cellule leucemiche EµTCL1/p66Shc$^{-/-}$ sulla produzione di chemiochine in cellule OP9. Analisi quantitativa mediante qRT-PCR dell'espressione di CXCL9, CXCL10, CXCL11, CXCL13, CCL19 e CCL2 in cellule OP9 trattate per 48h a 37°C con terreno di coltura completo (OP9, n=3) oppure con surnatanti o cellule B derivanti da topi *wild-type* (OP9 +WT, n=3), EµTCL1 (OP9 + TCL1, n=10) ed EµTCL1/p66Shc$^{-/-}$ (OP9 + TCL1/p66$^{-/-}$, n=10). Media +/- deviazione standard. Test Mann Whitney Rank Sum. p≤0.001, ***; p≤0.01, **; p≤0.05, *. (*SN*, coltura in presenza di sovranatante; *cells*, coltura in presenza di cellule B)

7. BIBLIOGRAFIA

· *Bichi R, Shinton SA, Martin ES, et al. Human chronic lymphocytic leukemia modeled in mouse by targeted TCL1 expression. Proc Natl Acad Sci U S A. 2002 May 14;99(10):6955-60.*

· *Bresin A, D'Abundo L, Narducci MG, et al. TCL1 transgenic mouse model as a tool for the study of therapeutic targets and microenvironment in human B-cell chronic lymphocytic leukemia. Cell Death Dis. 2016 Jan 28;7:e2071.*

· *Burger JA. Chemokines and chemokine receptors in chronic lymphocytic leukemia (CLL): from understanding the basics towards therapeutic targeting. Semin Cancer Biol. 2010 Dec;20(6):424-30.*

· *Capitani N, Lucherini OM, Sozzi E, et al. Impaired expression of p66Shc, a novel regulator of B-cell survival, in chronic lymphocytic leukemia. Blood. 2010 May 6;115(18):3726-36.*

· *Cuesta-Mateos C, López-Giral S, Alfonso-Pérez M, et al. Analysis of migratory and prosurvival pathways induced by the homeostatic chemokines CCL19 and CCL21 in B-cell chronic lymphocytic leukemia. Exp Hematol. 2010 Sep;38(9):756-64, 764.e1-4.*

· *Farahani M, Rubbi C, Liu L, et al. CLL Exosomes Modulate the Transcriptome and Behaviour of Recipient Stromal Cells and Are Selectively Enriched in miR-202-3p. PLoS One. 2015 Oct 28;10(10):e0141429.*

· *Finetti F, Pellegrini M, Ulivieri C, et al. The proapoptotic and antimitogenic protein p66SHC acts as a negative regulator of lymphocyte activation and autoimmunity. Blood. 2008 May 15;111(10):5017-27.*

· *Finetti F, Savino MT, Baldari CT. Positive and negative regulation of antigen receptor signaling by the Shc family of protein adapters. Immunol Rev. 2009 Nov;232(1):115-34.*

· *Gao J, Yan XL, Li R, et al. Characterization of OP9 as authentic mesenchymal stem cell line. J Genet Genomics. 2010 Jul;37(7):475-82.*

· *Ghosh AK, Secreto CR, Knox TR, et al. Circulating microvesicles in B-cell chronic lymphocytic leukemia can stimulate marrow stromal cells: implications for disease progression. Blood. 2010 Mar 4;115(9):1755-64.*

· *Hallek M. Chronic lymphocytic leukemia: 2017 update on diagnosis, risk stratification, and treatment. Am J Hematol. 2017 Sep;92(9):946-965.*

· *Hamblin TJ. The TCL1 mouse as a model for chronic lymphocytic leukemia. Leuk Res. 2010 Feb;34(2):135-6.*

· *Kay NE, O'Brien SM, Pettitt AR, et al. The role of prognostic factors in assessing 'high-risk' subgroups of patients with chronic lymphocytic leukemia. Leukemia. 2007 Sep;21(9):1885-91.*

- *Kipps TJ, Stevenson FK, Wu CJ, et al. Chronic lymphocytic leukaemia. Nat Rev Dis Primers. 2017 Jan 19;3:16096.*

- *Luzi L, Confalonieri S, Di Fiore PP, et al. Evolution of Shc functions from nematode to human. Curr Opin Genet Dev. 2000 Dec;10(6):668-74.*

- *Patrussi L, Capitani N, Cattaneo F, et al. p66Shc deficiency enhances CXCR4 and CCR7 recycling in CLL B cells by facilitating their dephosphorylation-dependent release from β-arrestin at early endosomes. Oncogene. 2018 Mar;37(11):1534-1550.*

- *Patrussi L, Capitani N, Baldari CT. Abnormalities in chemokine receptor recycling in chronic lymphocytic leukemia. Cell Mol Life Sci. 2019 Mar 4.*

- *Patrussi L, Capitani N, Ulivieri C, et al. p66Shc deficiency in the Eμ-TCL1 mouse model of chronic lymphocytic leukemia enhances leukemogenesis by altering the chemokine receptor landscape. Haematologica. 2019 Feb 28. pii: haematol.2018.209981.*

- *Pekarsky Y, Zanesi N, Aqeilan RI, et al. Animal models for chronic lymphocytic leukemia. J Cell Biochem. 2007 Apr 1;100(5):1109-18.*

- *Ramsay AD, Rodriguez-Justo M. Chronic lymphocytic leukaemia--the role of the microenvironment pathogenesis and therapy. Br J Haematol. 2013 Jul;162(1):15-24.*

- *Trimarco V, Ave E, Facco M, et al. Cross-talk between chronic lymphocytic leukemia (CLL) tumor B cells and mesenchymal stromal cells (MSCs): implications for neoplastic cell survival. Oncotarget. 2015 Dec 8;6(39):42130-49.*

- *Virgilio L, Narducci MG, Isobe M, et al. Identification of the TCL1 gene involved in T-cell malignancies. Proc Natl Acad Sci U S A. 1994 Dec 20;91(26):12530-4.*

YOUR KNOWLEDGE HAS VALUE

- We will publish your bachelor's and master's thesis, essays and papers

- Your own eBook and book - sold worldwide in all relevant shops

- Earn money with each sale

Upload your text at www.GRIN.com and publish for free